# Margaret Mahaney parle des dindes

Marguerite Mahaney

**Writat**

Cette édition parue en 2024

ISBN : 9789359942247

Publié par
Writat
email : info@writat.com

# Contenu

# INTRODUCTION

## Par Philip R. Park

Il y a plus d'un siècle et quart, à Concord, dans le Massachusetts, un coup de feu a été entendu dans le monde entier. Ce coup met fin à la domination du monopole et marque l'ouverture d'une ère nouvelle : la construction d'un nouvel empire.

Non moins important pour tous les amateurs de dindes est le coup de feu tiré dans cette même belle vieille ville par Margaret Mahaney, lorsqu'elle a pour la première fois mis fin au bogie qui planait depuis si longtemps sur l'industrie de la dinde, c'est-à- dire . e., *point noir*. Non moins triomphale a été sa victoire sur pratiquement toutes les maladies qui affligent ce bel oiseau.

Il est vraiment incroyable que Miss Mahaney ait élevé au cours d'une saison 300 dindes avec une perte inférieure à 2 pour cent, alors que pendant des années les stations expérimentales et les collèges agricoles, ainsi que presque tous les éleveurs de volailles, ont affirmé que les dindes ne pouvaient pas être élevées. dans cet état. Tout le monde reconnaîtrait que ce travail est merveilleux s'il est appliqué aux poulets, mais lorsqu'il est réalisé avec des dindes, il est doublement merveilleux. Ces mêmes directeurs de la station expérimentale avaient dit à Miss Mahaney qu'elle ne pouvait pas faire les choses qu'elle accomplissait déjà, mais lorsqu'ils visitèrent sa ferme, ils levèrent la main et partirent, reconnaissant qu'il s'agissait là d'une femme qui avait accompli le miracle.

## PRIX DE 150,00 $ DE MISS MAHANEY, TOM

Miss Mahaney était une infirmière merveilleusement compétente qui s'est effondrée dans son travail et a été envoyée à la campagne pour sauver sa vie, en particulier pour entreprendre un travail à l'extérieur. L'élevage de volailles l'a séduite dès le début, mais surtout les dindes en raison des difficultés à surmonter. Si elle pouvait faire ce que les autres ne pouvaient pas , elle serait satisfaite. N'importe qui pouvait élever des poulets, mais presque personne ne pouvait élever des dindes. Voilà une tâche qui la ravissait et un problème qui l'attirait. Les difficultés qu'elle rencontrait auraient découragé quiconque n'était pas un pionnier de son caractère. Son profond instinct maternel (et elle est, au sens figuré, la mère de tout et de tous dans le magnifique domaine où elle vit) a aidé les bébés et les vieilles dindes à surmonter leurs problèmes de points noirs, et grâce à sa formation médicale, ainsi qu'à l'aide qu'elle a reçue du contact. avec les membres de sa famille qui étaient médecins, elle reconnut des symptômes et des remèdes qu'on pouvait reconnaître comme des miracles et ne pas outrepasser la vérité. Elle a appliqué les fruits de son travail de vie à la résolution d'un problème, et un jour, le pays dans son ensemble, du Maine à la Californie, lèvera son chapeau à Margaret Mahaney, la dame de Concord, Massachusetts, qui a restauré ce qui était censé être. perdu : — l'art d'élever des dindes, — et cela en détention dans des poulaillers dans pratiquement les mêmes conditions que les poulets.

Si vous trouvez le temps d'aller à Concord, faites appel à Miss Mahaney et elle vous accueillera. Elle vous montrera plus de dindes que jamais auparavant dans un seul troupeau dans les États de l'Est, et elle se fera un plaisir de vous expliquer les méthodes simples qu'elle utilise. Dans les pages suivantes, elle vous racontera à sa manière comment elle y parvient.

Nous le répétons, Miss Mahaney est une femme merveilleuse. Elle possède un magnifique domaine sur lequel produire ces oiseaux, mais d'autres font un travail tout aussi merveilleux avec eux en suivant ses enseignements.

# UNE LETTRE À MES LECTEURS

Parc de la Turquie,

Concorde, messe.

Mes chers lecteurs :—

Ce qui suit est une copie d'une lettre que j'ai récemment reçue et qui représente le type de communications que je reçois quotidiennement depuis plus de trois ans de toutes les régions du pays :

Ma chère Miss Mahaney :—

Bien que nous soyons étrangers l'un à l'autre, je vous écris aujourd'hui au sujet de l'élevage de dindes. J'ai lu il y a quelque temps dans le « Boston Post » que vous aviez bien réussi à élever des dindes, c'est pourquoi je me permets de vous écrire pour vous demander des instructions, si vous voulez bien me les donner. J'ai essayé pendant plusieurs années d'en élever quelques-uns, mais cela a été un travail difficile. Ils se portaient bien pendant environ six ou sept semaines, puis tombaient malades et souffraient de troubles du foie et des intestins et disparaissaient. Maintenant, quel est le problème ? Avec quoi faut-il les nourrir ? Doivent-ils se ranger ou être conservés dans une cour ? En fait, comment dois-je réussir à élever des dindes ? Quelle est votre expérience ? Écrivez moi s'il vous plait.

Cordialement, etc.

C'est en réponse à des lettres comme celles qui précèdent que je mets sur le marché mes méthodes sous forme de livre, afin d'éclairer les éleveurs de dindes et de leur expliquer comment j'ai réussi là où d'autres ont échoué.

En premier lieu, j'ai visité deux ou trois fermes du pays. J'ai constaté qu'on ne prenait aucun soin aux dindes. Une poule commune était assez bien soignée, nourrie et gardée au chaud. La dinde était censée se nourrir elle-même, se percher sur de vieux chariots ou sur tout type de perchoir que l'oiseau trouvait pratique, la nuit et par tous les temps. Les conditions étaient tout sauf sanitaires. La consanguinité était autorisée année après année, car un seul mâle était jugé suffisant pour les dindes de cinq ou six voisins.

J'ai visité une ferme en particulier, qui possédait des dindes d'un très beau cheptel, une vingtaine en tout. Bien sûr, ils étaient petits et pâles et ne s'étaient pas développés comme ils auraient dû. Ils se perchaient dans une sorte de hangar juste à côté de la cave de la grange, afin d'avoir accès à la cave de la grange, et ils se promenaient toute la journée sur le tas de fumier. Le fumier était rejeté par une ouverture sous les vaches. Le toit de ce hangar n'avait pas de bardeaux et, par temps pluvieux, la pluie tombait simplement sur ces oiseaux. Il est tout à fait naturel que de telles conditions provoquent le groupe et toutes sortes de maladies. Les oiseaux ne seront pas développés et ne pourront pas être assez forts au printemps pour remplir les fonctions de la saison de reproduction.

Les oiseaux nés dans un tel environnement sont entachés de roup et d'autres afflictions.

Il n'y a pas très longtemps que j'ai eu une conversation avec un monsieur du Vermont. Il m'a dit qu'à une époque, le Vermont gagnait beaucoup d'argent en élevant des dindes. Lorsque les dindes atteignaient l'âge de quatre ou cinq semaines, les éleveurs les mettaient simplement à la porte et les laissaient prendre soin d'elles-mêmes. Ceux qui ont vécu l'été, résisté aux tempêtes et à toutes sortes d'épreuves, étaient rassemblés à l'automne, engraissés pour le marché ou vendus aux éleveurs. C'était ce qu'ils appelaient un « bénéfice net ». Chacun peut facilement comprendre à quoi a conduit ce « profit évident ».

Le résultat est que nos splendides dindes de bronze disparaissent par milliers chaque année, et d'ici sept ou huit ans, si quelque chose n'est pas fait pour renforcer la dinde et la maintenir au niveau d'au moins la poule commune, notre célèbre la dinde d'Amérique appartiendra au passé. Considérant que, si la dinde, une fois éclos, reçoit une bonne nourriture comme décrit dans une autre partie de mon livre, qu'on en prend soin jusqu'à ce que le rouge soit jeté, puis qu'on la transforme en un bon hangar chaud la nuit, qu'on la garde au sec et au chaud par temps humide, et nourris raisonnablement, les trois tiers des problèmes liés à l'élevage des dindes peuvent être évités.

Des soins doivent être apportés aux poules reproductrices. Ils doivent être gardés dans des locaux sanitaires, recevoir une bonne nourriture en abondance, avec quatre gouttes de teinture de fer pour un gallon d'eau, beaucoup de chaux et de sable, environ moitié-moitié, et laissés là où ils peuvent le manger à leur convenance. Si vous donnez de l'os broyé, prenez-le très fin, car il a tendance à se loger dans le coin de la bouche et peut parfois provoquer des ulcérations. Lorsque cela se produit, la bajoue de l'oiseau deviendra enflée et, après un examen attentif, on trouvera un petit morceau d'os blanc qu'il faudra retirer et laver la bouche avec du sulfonapthol ou du désinfectant Presto. J'utilise généralement mon onguent deux ou trois fois avant que la plaie ne soit cicatrisée. Si l'oiseau qui pond les œufs est bon et fort, les dindes qui éclosent seront fortes et robustes, et « *les faire grandir dès le début* » a toujours été ma devise.

Dans mon dernier paragraphe, je souhaite dire à tous mes lecteurs que j'ai été très sincère et direct dans tout ce que j'ai écrit dans ce livre. À tous ceux qui liront ceci, j'adresse une invitation cordiale à visiter mon élevage de dindes à Concord, dans le Massachusetts, afin que vous puissiez constater par vous-mêmes les progrès que j'ai réalisés au cours des huit dernières années en élevant des dindes dans des cours dans les mêmes conditions que poulets, un exploit que les stations expérimentales ont jusqu'à présent déclaré impossible à accomplir, dans une Nouvelle-Angleterre encombrée de volailles.

J'ai travaillé sur le problème de l'élevage de dindes pendant de nombreuses années et je crois sincèrement être en mesure de conseiller ceux qui pourraient être débutants, comme je l'étais autrefois, concernant les difficultés de l'élevage de dindes et la meilleure méthode pour les surmonter.

Je reste,

Cordialement,

MARGUERITE MAHANEY .

19 mars 1913.

# FAITS SUR L'ÉLEVAGE DE LA DINDE

Le seul élément essentiel de la part d'une personne qui élève ou tente d'élever des dindes est la patience, ou la persévérance, quel que soit le nom que vous lui donnez. À tous ceux qui envisagent de se lancer dans ce travail, je peux seulement dire que vous rencontrerez beaucoup de difficultés et beaucoup de choses qui vous décourageront et vous décourageront, mais quand vous vous souvenez que chaque échec ou découragement signifie d'autant plus ajouté à votre connaissance, et expérience dans ce travail, cela devrait vous donner du cœur pour continuer, et si vous continuez indéfiniment, en utilisant chaque petit peu d'expérience ainsi acquise et en l'utilisant à bon escient, à la fin le succès est inévitable. Je vais vous raconter quelques-unes des choses décourageantes qui me sont arrivées, ainsi que ma méthode d'élevage des dindes, méthode basée sur une longue expérience et perfectionnée malgré de nombreux découragements, et j'espère qu'en le racontant, vous peut apprendre quelque chose qui lui sera utile.

J'ai commencé avec douze œufs de dinde. Si j'avais su alors à quel point il est difficile de les élever, je me demande si j'aurais tenté de le faire ? J'ai fait éclore huit dindes à partir de ce lot d'œufs et j'en ai élevé une seule. Je l'ai nommée Poule-Poule, et elle est chez moi aujourd'hui, et est à la tête de tout mon troupeau.

L'année suivante, j'ai fait éclore plus de trente dindes et je n'ai réussi à en élever que quatre. Mon travail s'effectuait alors sur des terres basses. L'année suivante, j'ai mis la vieille Poule-Poule sur un terrain plus élevé, où j'élève aujourd'hui tout mon troupeau. Elle a fait éclore quinze dindes et j'en ai élevé toutes sauf une. J'ai tué quelques jeunes mâles et gardé toutes les poulettes, que j'ai toutes encore, et elles sont splendides, fortes, courtes sur pattes, lourdes et d'un bronze splendide.

Je suis ensuite allé au Kentucky et j'ai ramené certains des meilleurs animaux que j'ai pu trouver là-bas, puis j'ai commencé ma bataille pour élever des dindes. J'ai eu un très bon succès, du moins jusqu'au bout. Au début, je ne savais presque rien de la bonne façon de nourrir et de la bonne nourriture à donner à mes dindes, mais au fil des années, mon expérience en alimentation m'a beaucoup appris.

## REPRODUCTION

Je vais maintenant vous expliquer de la manière la plus concise possible la méthode que je considère appropriée pour élever des dindes. En premier lieu, il faut avoir une bonne et forte poule de deux ans pour la reproduction avec un mâle qui n'a aucun lien de parenté avec la famille. L'une des principales choses que vous devez veiller à *ne pas* faire est la consanguinité. Je préfère de loin une poule commune pour y mettre mes premiers œufs ; cela donnera aux dindes un temps de ponte beaucoup plus long. Je considère qu'il vaut mieux mettre mes poules *dindes* sur mes œufs de juin. J'ai mis quinze œufs sous une poule de dinde et onze sous une poule commune.

Quand les dindes sortent, je leur désinfecte la tête et le dessous des ailes avec mon propre baume. Avez-vous déjà vu une petite dinde enrhumée s'essuyer le bec sous son aile ? J'ai souvent trouvé les plumes sous leurs ailes emmêlées à cause de leur habitude mal élevée. Ce n'est bien sûr pas un état sain pour un jeune oiseau en pleine croissance, et c'est la raison pour laquelle je désinfecte avec ma pommade sous ses ailes et sur sa tête, et il paraît toujours plus brillant après.

MONTRER LE STYLE DES COURSES

J'ai de bons parcours solides, de 5 pieds de long et 4 pieds de large, avec des poulaillers hauts et une ventilation complète par le haut, qui évacue tout l'air impur et surchauffé, et maintient la température normale au fond des poulaillers pour les petites dindes. . Lors des journées chaudes, je couvre mes courses avec de la toile de jute.

Les dindes doivent être maintenues propres et sèches et leur paille doit être bien aérée chaque jour. Une fois par semaine, je lave le fond du poulailler avec un désinfectant et j'y mets de la paille propre.

Je leur donne toute la laitue qu'ils peuvent manger trois fois par jour, car le secret de l'élevage des dindes est de garder leurs intestins en bon état et leurs crottes d'un vert vif. Dès que je vois une petite dinde aux ailes tombantes, je l'éloigne des autres et je la traite comme décrit à la page 82.

J'ai inventé mes propres pilules pour guérir les points noirs et elles sont maintenant largement utilisées par les éleveurs de dindes dans toute la Nouvelle-Angleterre. [1]

Quand mes petites dindes ont environ trois ou quatre jours, je leur donne de la nourriture pour dinde *de Margaret Mahaney* et un peu de lait écrémé avec une bonne nourriture solide de laitue — tout ce qu'elles peuvent manger. A midi, je leur donne à nouveau de la laitue et de l'eau propre contenant de la teinture de fer, 4 gouttes pour chaque gallon d'eau. Le soir, je leur donne du pain trempé dans du lait et de la laitue finement hachée avec un oignon et un shake de poivron rouge. Après avoir mangé de la nourriture sèche toute la journée, ils savourent la nourriture molle la nuit. Il n'y a aucune raison pour que, si vous utilisez ma méthode pour élever des dindes et que vous faites vos courses sur des terrains élevés, vous ne puissiez pas réussir.

Si les dindes sont élevées correctement, elles ne sont pas plus difficiles à élever que les poulets. Lorsque les poulettes ont environ quatre mois, il faut leur donner du sel d'Epsom deux fois par semaine (une petite cuillère à café pour un gallon d'eau). Cela maintient la dinde en bon état et le sang frais. Il faudra également laisser une cuillerée à soupe de sulfate de fer dans un seau d'eau dans un endroit où ils pourront le boire. Gardez-les bien et au sec jusqu'à ce qu'ils soient prêts à être expédiés, car les dindes sont sujettes aux points noirs jusqu'à l'âge d'un an.

Je serai très heureux de donner toute information en mon pouvoir aux personnes intéressées par ce sujet. Même si les Collèges Expérimentaux ont publié des bulletins sur le soin des dindes, la personne qui va publier un rapport sur l'élevage des dindes doit se rendre sur le terrain et être avec eux depuis le moment où ils sont poussins jusqu'à ce qu'ils soient prêts. être éliminé, et il lui faudra alors de nombreuses années avant de savoir tout ce qu'il y a à savoir sur l'élevage de dindes. J'ai passé des années sur mes dindes et je pense que je suis désormais en mesure de donner toute information dont tout éleveur pourrait avoir besoin à ce sujet.

LE SYSTÈME MAHANEY DÉVELOPPE DES OISEAUX FORTS ET SOLIDES

# BREF APERÇU DE MA MÉTHODE D'ÉLEVAGE DES DINDES

En premier lieu, je sélectionne une poule bien tranquille, qui a couché depuis deux ou trois jours et je la mets dans un nid profond et chaud, pas trop loin du haut de la cage, afin que lorsqu'elle ira se nourrir, la poule ne cassez les œufs en sautant dessus lorsqu'elle revient au nid. Douze œufs semblent être un grand nombre d'œufs de dinde à mettre sous une poule, mais c'est ce que je mets sous chaque poule commune, et il m'arrive parfois de faire éclore tous les œufs. Je vaporise bien les nids avec du soufre et j'utilise également ma pommade sur la poule jusqu'au seizième jour. Je n'ai jamais mis de désinfectant sur la poule ou sur son nid par la suite car il y a de la vie à l'intérieur des œufs à ce moment-là, et le désinfectant est très susceptible de la tuer.

Lorsque les œufs commencent à éclore, certains éclosent avant les autres ; Je les emporte, les place dans une bonne boîte chaude enveloppée de flanelle et les garde bien au chaud jusqu'à ce que tous les œufs soient éclos et que la mère puisse les recevoir. Lorsqu'ils ont deux jours, je mets les jeunes dindes dans un bon poulailler propre, bien blanchi à la chaux et imperméable. Mes pistes mesurent 5 pieds de long et 4 pieds de large. J'enferme mes petits oiseaux dans le poulailler pendant les quatre premiers jours, jusqu'à ce qu'ils deviennent bons et forts. Après cela, s'il fait beau et chaud, je les laisse sortir vers dix heures et je les rentre vers trois heures.

Leur première nourriture se compose d'un œuf dur , d'un shake de poivron rouge et de trois parts de pissenlit, finement coupé. Vous pouvez leur donner toute la nourriture verte qu'ils mangeront, ainsi que du charbon de bois en poudre et du grain fin. Après qu'ils aient 3 ou 4 jours, je leur donne du pain et du lait pressé, ainsi que du *Margaret Mahaney* Turkey Feed.

Les jeunes dindonneaux sont gardés dans des parcours qui doivent être déplacés vers un nouvel endroit chaque jour et il faut veiller à ce qu'ils restent propres, secs et chauds, et la paille doit être retirée des poulaillers et soigneusement aérée et maintenue en bon état et propre, comme les conditions sanitaires représentent la moitié de la bataille pour élever des dindes. Placez vos pistes à flanc de colline, face au sud. Par temps chaud, recouvrez les pistes de toile de jute.

Laissez-les sortir dans les enclos pendant deux heures ou plus chaque après-midi, dans un endroit agréable et sec jusqu'à l'âge de neuf semaines. Ne les laissez pas sortir par temps humide avant l'âge de deux ans, car ils sont très sensibles à l'humidité et doivent être gardés à l'abri et au chaud par temps pluvieux et humide. Pendant que les petits oiseaux sont dehors, surveillez attentivement les faucons et les parasites.

Donnez aux dindes tout le lait que vous pouvez vous permettre, car cela les aidera à grandir. Plantez un bon champ de laitue et donnez-leur tous ces légumes qu'ils peuvent manger, et vous constaterez qu'ils mangeront de la laitue trois fois par jour avec bon goût.

L'un des secrets de l'élevage des dindes est de garder les excréments d'un vert vif ; cela, bien sûr, maintient le foie en bon état et contribue grandement à empêcher les points noirs d'entrer dans le troupeau. Prenez de la chaux, détendez-la, mettez-y la moitié du sable et faites-en une sorte de bouillie molle. Placez-le sur une planche et séchez-le ; puis émiettez-le et laissez-le là où vos petites dindes peuvent le faire manger.

« DONNEZ AUX DINDES TOUT LE LAIT QUE VOUS POUVEZ »

Gardez-les dans des maisons sèches et étanches avec le côté sud ouvert afin qu'ils puissent avoir beaucoup d'air frais sans courants d'air.

Quand il est temps de les laisser sortir des pistes, vous pouvez les laisser sortir pendant trois ou quatre heures à la fois ; vous constaterez qu'ils voudront retourner aux courses lorsqu'ils seront fatigués. Ne leur donnez pas beaucoup de nourriture la nuit ; donnez-leur suffisamment de temps pour digérer tout ce qui se trouve dans leurs intestins et ils seront alors prêts pour un bon repas du matin.

LANCER LE ROUGE

Lorsqu'ils montrent des signes de rejet du rouge, mettez quatre gouttes de teinture de fer dans un gallon d'eau potable trois ou quatre fois par semaine. S'il fait froid et pluvieux, mettez chaque jour une goutte d'aconit dans l'eau pendant que dure le temps humide. Cela leur évitera de prendre froid et, comme le rhume est le premier signe de points noirs et de diarrhée, on voit bien qu'un peu de précaution vaut mieux que guérir.

Pour éloigner les poux des petites dindes, vous devez désinfecter vos poules et vos dindes très fréquemment. Mon onguent à cet effet est un remède pratique et efficace.

Si vous faites ce que je vous ai demandé dans les paragraphes ci-dessus , je ne pense pas que vous aurez beaucoup de difficultés à élever des dindes. Gardez-les au sec par tous les moyens jusqu'à l'âge de cinq mois.

# REPRODUCTION

## SÉLECTION ET TRAITEMENT DES REPRODUCTEURS

Certaines règles doivent être respectées lors de la sélection des dindes destinées à la reproduction si l'on espère réussir. Une indifférence négligente a causé des ennuis sans fin aux éleveurs de dindes. Dans certains cas sur lesquels l'auteur a enquêté, toutes les dindes possédées dans une localité descendaient de l'oiseau original acheté plusieurs années auparavant ! Dans un cas, on a dit que depuis vingt ans, aucun sang neuf n'était venu dans le quartier. Si cette procédure insensée avait été poursuivie, elle aurait abouti à la destruction de la vigueur constitutionnelle des dindes.

## RÈGLES DE SÉLECTION DES STOCKS

Voici quelques règles simples qui peuvent être avantageusement observées :

1. Utilisez toujours comme reproductrices des dindes de plus d'un an. Assurez-vous qu'ils sont forts, sains et vigoureux, de bonne taille moyenne. Ne sélectionnez en aucun cas les plus petits mais ne vous efforcez pas de les rendre inhabituellement grands.

2. Le mâle peut être âgé d'un an ou plus. N'imaginez pas que les grands mâles envahis par la végétation sont les meilleurs. Force, santé et vigueur avec un calibre moyen bien proportionné sont les principaux points d'excellence.

3. Évitez la reproduction rapprochée. Le sang neuf est d'une importance vitale pour les dindes. Mieux vaut parcourir des milliers de kilomètres pour trouver un nouveau mâle plutôt que de risquer le risque de consanguinité. Sécurisez-en un à l'automne afin d'être assuré de sa constitution saine et vigoureuse avant la saison de reproduction.

## GENRE DE POULES À SÉLECTIONNER

Quelle que soit la variété de dinde choisie pour l'élevage, elle doit avant tout être forte, vigoureuse, saine et bien mûre, mais non semblable. Mieux vaut sécuriser les femelles d'une localité et les mâles d'une autre pour assurer leur non-relation plutôt que de courir le risque de la consanguinité. Chez toutes les volailles, il est bon de se rappeler que la taille est largement influencée par la femelle et que la couleur et la finition sont influencées par le mâle. Sécuriser un mâle trop gros pour qu'il s'accouple avec des poules petites et faibles n'est pas une politique judicieuse. Un mâle de taille moyenne avec une femelle de bonne taille, d'une bonne vigueur constitutionnelle et d'un bon âge adulte, fera bien mieux que le plus gros mâle avec les plus petites femelles.

Le fermier avisé sélectionne toujours le meilleur maïs ou grain de toutes sortes pour les semences. Le même soin doit être apporté à la sélection des reproducteurs de dindes. Les meilleurs élevés à la ferme doivent être réservés aux producteurs et il faut garder à l'esprit que les dindes de la meilleure qualité après leur deuxième et troisième année font les meilleurs producteurs. Gardez cela à l'esprit vos meilleures jeunes poules. Les poules de petite taille qui manquent de vigueur constitutionnelle ne sont pas les espèces à sélectionner pour un élevage de dindes réussi. Si l'on considère que le dindon mâle représente la moitié du troupeau total en matière d'élevage, on peut être amené à plus de soin dans la sélection. Aucun ne peut être trop bon pour atteindre cet objectif. La vigueur constitutionnelle est de première importance. Sans cela, il ne peut avoir aucune valeur aux fins prévues. Beaucoup d'os, une poitrine bien ronde et un corps long sont importants. Quelle que soit la souche ou l'élevage de la poule, le mâle doit être sélectionné parmi l'une des variétés standards. Si les poules sont de la même variété standard, le mâle de la même variété doit être sélectionné de manière à maintenir la pureté du cheptel. Des individus bien sélectionnés de l'une des nombreuses variétés standards donneront de meilleurs résultats que ceux que l'on peut obtenir par croisement, qui a tendance à faire ressortir les points faibles des deux côtés du croisement. Des croisements appropriés peuvent améliorer le premier problème, mais s'ils sont suivis, ils s'avèrent rarement couronnés de succès.

## NOMBRE DE FEMELLES POUR UN MÂLE

La meilleure règle pour l'accouplement est de se limiter à des cours, en utilisant huit ou neuf femelles pour un mâle ; certains disent douze, mais je ne m'accouple qu'avec un seul mâle, ce sont huit femelles. Le résultat de ce nombre est que tous mes ovules se révèlent fertiles.

Lorsqu'ils sont en parc et qu'on élève de huit à dix femelles, il est préférable d'avoir deux mâles et d'en garder un enfermé pendant que l'autre est avec les poules, en les changeant au moins deux fois par semaine. Lorsqu'ils courent en liberté dans une ferme, ils se divisent naturellement en troupeaux. Dans de telles conditions, utilisez un mâle pour pas plus de six femelles.

## SOINS À APPORTER AUX REPRODUCTEURS

Mars et avril sont les deux mois de l'année où la poule reproductrice doit faire l'objet de soins particuliers. En premier lieu, je les garde au chaud et à l'aise, avec une boîte de sable où ils peuvent s'épousseter chaque jour. Il n'y a pas d'oiseau qui prenne autant de plaisir à s'épousseter que la dinde. Elle se roulera sur le sable pendant des heures au soleil, ce qui la rend heureuse et satisfaite.

En ce moment , je donne beaucoup de nourriture pour dinde *de Margaret Mahaney* avec des coquilles d'huîtres toujours à portée de main et un mélange de blé, d'avoine, d'orge, un peu de maïs concassé et de restes de bœuf, trois ou quatre fois par semaine. Donnez beaucoup d'eau potable et trois ou quatre fois par semaine, mettez une ou deux gouttes de teinture de fer dans un gallon d'eau potable. Cela maintient l'oiseau en bonne santé et fort. Prenez moitié chaux et moitié sable, faites-en une bouillie et étalez-la sur une planche pour la faire sécher. Lorsqu'il est dur, placez-le dans une boîte et laissez-le là où votre dinde pourra le faire manger à sa convenance. Cela aide à faire mûrir les œufs. Elle est très tendre en ce moment. Tout au long de la saison de ponte, elle doit rester au chaud et à l'aise. Tout cela contribue à une saison d'élevage de dindes réussie.

## ACCOUPLEMENT

Mars est le moment idéal pour accoupler vos enclos de dindes. J'ai mis un tom dans un enclos avec huit poules. Je surveille de très près mes dindes pour m'assurer qu'elles ne sont en aucun cas blessées par les éperons du mâle. Si la dinde se déplace avec une aile baissée, vous saurez qu'elle a été blessée, et si vous la soulevez, vous constaterez probablement que son côté a été déchiré par le mâle. Lavez-la soigneusement avec un désinfectant, et si la plaie nécessite un point de suture , il est préférable de le faire car elle guérira plus rapidement.

## ALIMENTATION PENDANT LA SAISON DE REPRODUCTION

En février et mars, ne donnez pas à vos dindes des aliments trop riches, ni trop de restes de bœuf, ni d'aliments de toute sorte qui obligeraient les poules à pondre trop tôt. Vous ne voulez pas que les jeunes poussins éclosent avant le premier mai ou le dernier avril. Lorsque mes poules de dinde commencent à pondre , je leur donne un aliment moulu préparé selon ma formule par The Park & Pollard Company de Boston, Massachusetts, qu'ils distribuent sous le nom de *Margaret Mahaney's Turkey Feed* , et qui peut être acheté. tous prêts à être nourris. Ayez beaucoup de restes de bœuf et de coquilles d'huîtres à portée de main. Deux fois par semaine, mettez de la teinture de fer dans l'eau potable, quatre gouttes pour un gallon d'eau ; prévoyez un gallon d'eau dans chaque stylo. La teinture de fer maintient les oiseaux forts et en bonne condition, car une jeune dinde est très susceptible de s'affaiblir après la ponte de sa première portée d'œufs. Parfois, ils meurent s'ils ne sont pas correctement soignés.

Gardez à portée de main, en permanence, un mélange moitié sable moitié chaux transformé en une bouillie moelleuse. Une fois sec, émiettez-le et laissez-le là où vos dindes peuvent le manger. Ils le mangeront avec voracité et cela aidera à durcir les coquilles des œufs.

## NIDS ET NIDIFICATION.

Lorsque la dinde est prête à pondre , elle commence par regarder dans tous les coins, car si elle est enfermée, c'est sa nature de chercher un endroit sombre et isolé où pondre. Je place à huit dindes quatre bons nids sombres.

Je les fabrique en utilisant des caisses d'emballage avec le couvercle et l'ouverture tournée vers le mur de la maison, laissant juste assez de place pour que l'oiseau puisse entrer. Je mets du bon foin propre dans la boîte. La dinde sera très heureuse lorsqu'elle constatera que personne ne peut la voir dans son nid. Cela la rendra très contente, et comme nous élevons maintenant des dindes dans l'État domestique, presque comme la poule commune, pourquoi ne pas leur donner les mêmes soins ? À long terme, vous constaterez que vous élèverez beaucoup plus de dindes si une dinde est correctement hébergée et gardée au chaud pendant les mois froids de l'hiver. La dinde commence à pondre ses œufs trois mois avant de commencer à pondre, et comme nous savons tous que la dinde est un oiseau très froid, il est tout à fait naturel qu'elle soit gardée au chaud. Mes maisons sont confortables, étanches et sèches, mais bien ventilées du côté sud.

Lorsque la dinde aura pondu environ dix-huit ou dix-neuf œufs , elle montrera des signes de vouloir s'asseoir. Retirez-la très tranquillement du nid, déplacez-la dans un autre poulailler, donnez-lui une bonne portée pour courir avec beaucoup de nourriture pour dinde *de Margaret Mahaney* . Pendant ce temps , déposez les œufs sous deux bonnes poules communes. Je trouve que les Plymouth Rocks font de bonnes mères. Je mets onze ou douze œufs sous une bonne poule Plymouth Rock, et je fais un bon nid rond dans une boîte d'un demi-boisseau, en bourrant bien les coins pour que le nid reste en forme, car un bon nid représente la moitié de l'éclosion. Entre- temps , la dinde ayant fait sa ronde a oublié de s'asseoir et a recommencé à pondre et je l'ai remise dans l'enclos d'accouplement. Ce processus peut être répété trois fois au cours de la saison puisqu'une dinde pondra trois portées successives. Je laisse mes poules dindes pondre mes œufs de juin et ceux-ci éclosent vers le 10 ou le 11 juillet. Ce sont de bons oiseaux robustes pour le froid à venir. Désinfectez la poule avec le Salve *de Margaret Mahaney* , selon les instructions, avant de la pondre.

LES RI REDS ET LES PLYMOUTH ROCKS FONT
D'EXCELLENTES MÈRES.

## ÉCLOSION

Pour revenir à l'éclosion des dindes ; les œufs qui se trouvent juste sous la poitrine de la poule éclosent en premier. Parfois, je n'attends pas qu'ils sortent tous de leur coquille, je les enlève, disons quatre ou cinq à la fois, donnant ainsi une chance aux œufs extérieurs d'éclore. Les œufs que j'emporte je les mets dans une couveuse préalablement réglée à la bonne température. Quand ils sont tous éclos, j'ai mon poulailler bien blanchi à la chaux et environ six pouces de bonne paille propre au fond. Je place ma femelle dans le poulailler et mets les petites dindes tout autour d'elle. Faites très attention, en leur donnant à boire ou en eau, à ce que les petites dindes ne soient pas mouillées, car elles prennent souvent ainsi froid.

## PREMIÈRE ALIMENTATION

Le premier aliment que je leur donne est de l'ortie commune, hachée finement, avec un œuf dur et un peu de poivron rouge. Vous constaterez qu'ils mangent voracement la substance verte, et cela agit sur les intestins comme un médicament régulier.

Quand ils ont trois jours, je commence à leur donner l' aliment moulu préparé, le *Margaret Mahaney's* Turkey Feed, avec un peu de pain de blé imbibé de lait, pressé et mélangé avec de l'œuf et de l'ortie. Comme la Park & Pollard Company transporte cette nourriture moulue, elle peut être facilement obtenue sur place. Je garde toujours cela devant eux. Le matin, je ne leur donne que du *Margaret Mahaney* Turkey Feed avec une bonne quantité de laitue. Le soir, je leur redonne de l'ortie avec du pain trempé dans du lait et essoré et un peu d'oignon haché, si cela me convient. Vous constaterez que les oiseaux à qui vous donnez de l'ortie jetteront l'ortie rouge trois semaines avant ceux qui n'en ont pas reçu.

## ÉVITER LA VERMINE

Lorsque les petits poussins sortent pour la première fois, avant de les mettre au poulailler, pensez à désinfecter avec ma pommade la tête et sous les ailes ; donnez également à la mère nourricière le même traitement avec le baume, car s'il y a de la vermine sur la poule , elle quittera la poule et ira vers les petites dindes et, à moins qu'on ne s'en occupe, les petits oiseaux tomberont malades et mourront. S'ils sont affectés par des poux, les corps deviendront très rouges et irrités. Vous retrouverez les poux surtout sous les ailes ou dans le bord des ailes. Lorsque les plumes ne poussent pas uniformément sur une petite dinde (certaines sont longues tandis que d'autres sont courtes), vous saurez que la dinde a des poux et vous devriez immédiatement « vous occuper ». Une ou deux doses de ma pommade apporteront une nette amélioration. Je désinfecte toujours la poule lorsque je la mets sur les œufs, mais je ne la désinfecte jamais après le quinzième jour car à ce moment-là, il y a de la vie dans le poussin, et vous avez très tendance à le tuer, car il respire à travers les cellules d'air du poussin. œuf.

## LE CADRE DE LA POULE DE DINDE

À l'état sauvage, la poule recherche l'endroit le plus isolé et le plus inaccessible, où elle est protégée des oiseaux et des bêtes de proie. La sécurité contre les attaques est la principale chose à laquelle son instinct la pousse à faire attention. Un bosquet de ronces enchevêtrées, une corniche abritant une souche creuse, un bouquet de broussailles rempli de feuilles en décomposition lui conviennent. Avec peu de préparation, elle dépose ses œufs à même le sol, dans ces endroits isolés. Les dindes domestiques disposent généralement d'une grande liberté dans le choix de leurs nids. Je les règle généralement de la même manière que la poule commune. Un panier d'un demi-boisseau est un nid confortable pour une poule de dinde et offrira suffisamment d'espace pour quinze ou dix-huit œufs.

ENCLOS D'ÉLEVAGE

Les dindes nécessitent beaucoup d'attention lorsqu'elles sont sur les nids. Ils devraient être dans une cour ou un bâtiment, ou du moins à une distance rapprochée les uns des autres, afin que les visites fréquentes nécessaires à chacun prennent le moins de temps possible. Donnez de l'espace aux œufs et ayez le nid suffisamment profond pour empêcher qu'ils ne sortent du nid. Une dinde pondra de quinze à trente œufs par portée, mais elle ne peut pas toujours couvrir la totalité. Les très gros oiseaux âgés couvriront vingt œufs ; les oiseaux plus petits couvriront de quinze à dix-huit, ce qui est à peu près le nombre approprié pour permettre à un oiseau de s'en occuper.

Si vous avez une douzaine de dindes dans votre troupeau, ce qui est à peu près le nombre suffisant pour un bon territoire, il ne sera pas difficile de pondre plusieurs oiseaux à la fois, et cela peut être arrangé en plaçant les nids contenant des œufs artificiels dans un espace restreint. à quelques mètres les uns des autres. Vous pouvez garder une partie des poules sur leur nid quelques jours jusqu'à ce que trois ou quatre soient prêtes à s'asseoir. Sélectionnez ensuite des œufs d'âge aussi proche que possible et placez-les sous les poules qui restent assises de manière persistante. Si les poules rapprochées ne sont pas couchées en même temps, il y a un risque, lorsque la première commence à éclore, que sa voisine entende le cri du premier poussin et abandonne peut-être son nid. Si tous les groupes de trois ou quatre nids éclosent en même temps, il n'y a aucun problème de ce genre.

Avant de mettre les œufs dans le nid , il est bon de désinfecter la poule avec de la pommade de dinde sous ses ailes. Cela empêchera la vermine de toute sorte.

Si l'un des œufs est souillé par le jaune d'un œuf cassé avant ou après la prise, les coquilles doivent être soigneusement nettoyées à l'eau tiède pour sécuriser leur éclosion. Deux ou trois dindes pondent parfois dans le même nid. Cela ne fera aucun mal au début de la saison, mais ils doivent être séparés avant la pose, ne permettant qu'un seul oiseau par nid. Cela peut être fait en faisant des nids à proximité et en plaçant des œufs en porcelaine dans chaque nouveau nid. Les dindes ne sont pas susceptibles de s'entasser sur un nid occupé lorsqu'il y en a un vacant à proximité. Le groupe de poules qui s'assoient ensemble et mettent bas leurs petits en même temps se nourriront et se promèneront naturellement ensemble, ce qui permettra de gagner du temps pour s'occuper d'eux.

La dinde est une gardienne rapprochée et ne quittera pas son nid pendant plusieurs jours à la fois. Les céréales et l'eau doivent être gardées à proximité du nid en permanence. Lorsque les dindes commencent à éclore , je sors les petits poussins comme je le fais sous une poule commune, et je donne la chance à ceux qui n'ont pas éclos de le faire.

Quand ils sont tous prêts à entrer dans le poulailler, je soulève la poule très doucement et la porte au poulailler, en mettant généralement les petites dindes dans le poulailler en premier car la dinde est un oiseau très nerveux et elle gratte et marche parfois. les petits oiseaux.

LES DINDES DOIVENT ÊTRE APPRIVOYÉES

C'est pourquoi j'aime les avoir en bonne santé et forts avant qu'ils n'entrent dans le poulailler avec la mère. Les petits semblent comprendre que la mère ne doit pas leur marcher dessus car ils se rassembleraient vers le côté du poulailler, hors de sa portée. Elle s'habituera bientôt à eux et à être nourris et s'installera pour prendre soin de ses bébés en bonne forme, car la dinde est une mère très dévouée. Elle veillera sur ceux qui la nourrissent et prendra soin de ses petits bébés. Ils courront à ma rencontre lorsqu'ils me verront arriver, bien sûr s'ils sont sur le terrain. Je les ai fait rentrer eux-mêmes à la maison quand je les laissais se promener, et quand j'allais les nourrir , la mère était dans le poulailler avec tous ses petits bébés.

Je donne le même traitement aux poussins de dinde élevés par leur mère que lorsqu'ils sont élevés par une poule commune, seule la poule commune les quittera bien avant que la dinde ne songe à abandonner ses petits. Je suis entré dans le poulailler quand ils avaient cinq ou six mois et j'ai trouvé une jeune poulette de dinde nichée près de sa mère. Vous ne trouvez cela chez aucun autre oiseau domestique que je connaisse.

# LE LANCER DES DINDES ROUGES ET JEUNES

Comme il semble y avoir des divergences d'opinions sur le « lancer du rouge », laissez-moi d'abord vous dire ce que signifie le lancer du rouge.

Plus ou moins de sang doit couler dans le cerveau et la tête de la dinde lorsqu'il apparaît si clairement à travers la peau. Lorsqu'une dinde a cinq ou même quatre semaines, il est temps qu'elle commence à « jeter le rouge », car lorsque le sang vient du foie et du cœur, il doit bien sûr avoir une certaine action sur les petites poulettes. J'ai vu de jeunes dindes jeter le rouge en cinq semaines et le montrer très clairement, c'est-à-dire après avoir été nourries deux fois par jour d'ortie. D'un autre côté, avant de savoir quoi leur donner à manger, je les ai laissés attendre jusqu'à sept ou huit semaines, et à la fin de cette période, ils mouraient généralement. Ce qui s'est passé, c'est que le sang est revenu au foie, est devenu stagnant et a provoqué une diarrhée qui, bien sûr, a causé la mort du jeune dindon. Lorsqu'un jeune dindon est en bonne condition, il doit tirer le rouge du début à la fin en dix jours. Bien sûr, il ne sera pas aussi visible que chez un oiseau plus gros. À mesure que l'oiseau grandit, le rouge devient plus apparent.

Lorsque la petite dinde aura environ quatre semaines, les plumes commenceront à tomber de la tête. Vous saurez alors que le moment critique est proche. Le petit oiseau commence à tirer sur le rouge. Il se morfond parfois pendant des jours. Il n'y aura rien de mal avec lui, sauf qu'il ne se sent tout simplement pas bien. Donnez beaucoup d'ortie et un peu de teinture de fer trois fois par semaine (4 gouttes de teinture de fer dans un gallon d'eau potable) et vous constaterez une amélioration en quelques jours.

Les jeunes mâles sont beaucoup plus forts que les poulettes. Certaines d'entre elles tireront le rouge et grandiront magnifiquement partout sans aucun signe d'affaissement, mais il y a toujours un changement marqué chez les petites poulettes.

Une fois que les dindes rouges ont poussé, le secret du succès chez les dindes est de les maintenir en croissance. Vous pouvez leur donner tout le lait écrémé et tout le lait caillé qu'ils boiront. Donnez-leur toute la laitue qu'ils peuvent manger trois fois par jour avec de l'ortie dans la nourriture, si vous en avez sur place. C'est l'une des nécessités de l'élevage de dindes que de garder le foie propre et si vous donnez de la laitue deux ou trois fois par jour, les excréments seront d'un vert vif et en bon état.

Pour mes oiseaux, j'ai de grands parcours, 6 pieds dans chaque sens, ce qui fait un bon parcours carré. Je déplace les pistes tous les jours pour nettoyer le sol ; la paille est retirée et aérée. Si le temps est humide, mettez de la paille propre au moins tous les deux jours. Mes poulaillers sont hauts et bien ventilés au sommet, ce qui élimine tout l'air chaud et impur et aide à garder les petites dindes fortes et en bonne santé. J'autorise une dizaine de sorties à la fois composées de dix oiseaux chacune et je les laisse partir pour une bonne et longue promenade. Cependant, ils ne restent pas très longtemps loin de leur maison, mais se fatiguent rapidement et reviennent, restant généralement dehors environ deux heures. Ensuite, je les ai mis dans leurs poulaillers et j'ai laissé échapper une dizaine de courses supplémentaires. Quand je les remets dans les poulaillers , je leur donne à manger de la laitue et de l'eau potable. (Je continue ce processus jusqu'à ce que j'aie laissé sortir tout le troupeau.) J'ai laissé sortir autant de courses à la fois pour qu'il n'y ait aucune confusion lors de leur introduction. Je fais cela quotidiennement, chaque jour de foire, jusqu'à ce que la dinde ait quatre ou quatre ans. âgé de cinq mois. Ensuite, je les ai tous laissés sortir ensemble. Je les mets chaque nuit dans des maisons plus grandes, je les garde bien au chaud, avec de bons dortoirs et de la paille propre, et j'ai très peu de problèmes de maladie.

Chaque dinde doit pouvoir sortir un certain temps chaque jour si le temps le permet et s'il n'y a aucun signe de pluie. S'il fait sombre ou sombre, ne les laissez pas sortir jusqu'à ce que le temps soit à nouveau agréable. Cette façon de les laisser sortir les fait croître rapidement et les rend très apprivoisés pour pouvoir être manipulés beaucoup plus facilement.

Pourquoi ne pas donner à une dinde les mêmes soins qu'à une poule. Les gens me racontent de nombreuses façons dont leurs dindes sont négligées. Ils semblent penser qu'ils n'ont pas besoin de s'occuper des dindes et, une fois éclos, ils les retournent et les laissent errer et se nourrir. Le temps de ce genre de traitement pour les dindes est révolu. N'oubliez pas que nous élevons désormais des dindes selon les méthodes approuvées et l'alimentation complète appliquées à l'élevage de volailles moderne. Les gens viennent me voir et me disent que leurs dindes se perchent dans les arbres les nuits où il fait en dessous de zéro. Comme je l'ai déjà dit, si c'est en janvier, ces dindes commencent à pondre des œufs. Quelle est la vitalité des œufs cultivés dans de telles conditions ? Aucun du tout.

Par temps chaud, vous devez couvrir les pistes avec de la toile de jute ou une ombre d'une certaine sorte. J'utilise les sacs en toile de jute dans lesquels je récupère les restes de pain séché que j'achète.

En ce qui concerne l'alimentation du pain, veillez à ne jamais donner du pain moisi, car si vous le faites, vous risquez de déclencher la diarrhée chez les jeunes dindes en un rien de temps.

Lorsque l'automne approche, vous devez faire très attention aux poulettes. Comme je l'ai déjà dit, ils sont beaucoup plus sujets aux points noirs que les mâles. Quand je les héberge , c'est-à-dire dans de grandes maisons, disons quarante ou cinquante pour un enclos, j'ai toujours mon aliment préparé pour les dindes ( *Margaret Mahaney's Turkey Feed* ) avant les poulettes. Moins vous donnez de maïs à une dinde, moins vous aurez de problèmes de points noirs, car le maïs chauffe. Pour garder les poulettes en bon état, vous trouverez tous les ingrédients dans cet aliment préparé, qui est maintenant présenté et vendu par The Park & Pollard Company, 46 Canal Street, Boston, sous le nom de *Margaret Mahaney's* Turkey Feed.

Donnez plus ou moins de maïs entier aux toms si vous souhaitez les obtenir en bon état pour l'expédition ou pour s'habiller autour de Thanksgiving. Ils ne grossissent pas aussi vite que les dindes, c'est la raison pour laquelle je garde tout le maïs et la farine de maïs à l'écart des dindes.

Mettez une demi-cuillère à café de salicylate de soude dans l'eau potable de chaque casserole le soir. Le matin, donnez-leur de l'eau fraîche et, deux fois par semaine, ajoutez-y un peu de teinture de fer (4 gouttes pour chaque gallon d'eau). Faites cela jusqu'en janvier environ, puis, si vos dindes restent au chaud et à l'aise, elles sont surmontées des dangers de la saison des points noirs.

Donnez le même traitement aux jeunes matons.

# ENQUÊTE SUR LES MALADIES

« Quelle *est* la maladie ? » est la première et la plus importante question à se poser. Le nombre de personnes qui supposent dès le début que la réponse à cette question est hors de leur portée est inexcusablement élevé. Si le lecteur non professionnel faisait preuve, même d'une quantité limitée d'études et de bon sens, de nombreux maux mineurs pourraient être évités et bien d'autres traités avec succès. Une petite instruction spéciale est donnée ici pour permettre de détecter une maladie avant qu'il ne soit trop tard, et ainsi, dans une large mesure, pour éviter ces ravages décourageants qui frappent parfois le propriétaire de dindes mal informé.

Le petit nombre de maladies susceptibles d'être confondues permet de tirer relativement facilement la bonne conclusion en éliminant de la liste possible celles qui ne présentent pas les symptômes particuliers des autres maladies.

Une connaissance générale de l'organisme, des habitudes et de l'apparence des dindes en bonne santé est bien entendu très souhaitable. Une observation raisonnablement précise est à peu près tout ce que nous pouvons attendre en la matière de la part du propriétaire ordinaire d'un grand troupeau de dindes. L'amateur expérimenté ajoute à cela une manipulation fréquente et une étude plus détaillée pour connaître la dureté et la souplesse normales de la chair ainsi que la chaleur, l'humidité et la couleur de la peau, en particulier au niveau de l'évent, ainsi que le contour et la structure du squelette. Il est également éminemment souhaitable que l'on sache ce qu'est un bon état de tous les organes, mais cela est particulièrement vrai en ce qui concerne le foie et les autres organes digestifs.

L'une des erreurs les plus courantes lors de la découverte d'une maladie est de prendre une décision après trop peu d'études. En trouvant un ou deux symptômes connus pour accompagner une maladie suspectée, on est enclin à conclure hâtivement qu'on a détecté la difficulté réelle, alors qu'une enquête plus approfondie révélerait d'autres symptômes qui, en conjonction avec ceux-ci, conduiraient à la vraie conclusion. Chaque examen doit donc être approfondi jusqu'à ce qu'un certain degré de certitude soit ressenti. Il est également essentiel que l'éleveur ne s'attende pas à ce que la maladie présente invariablement exactement les symptômes mentionnés dans n'importe quel livre, car ils varieront plus ou moins selon les dindes, et même chez la même dinde à des moments différents , - une mise en garde qui appelle simplement à l'exercice du jugement et du bon sens.

En cas de doute sur le caractère contagieux d'une maladie, la dinde atteinte doit être retirée du troupeau jusqu'à ce que le danger éventuel soit écarté. Lorsqu'un oiseau meurt pour une cause inconnue, il doit être ouvert et l'état des organes internes noté, ainsi qu'une étude de leur état telle que reprise dans les pages suivantes du traitement.

De manière générale, on peut constater que la présence de poux et d'acariens est souvent cause de faiblesse et de perte de condition, surtout si les dindes sont autorisées à se percher avec les poules communes.

# POINT NOIR

Beaucoup de gens m'écrivent pour me dire qu'ils perdent leurs poulettes et leurs jeunes dindes après avoir poussé les premières plumes. Je ne perds jamais une dinde à ce moment-là. J'élève mes dindes dans des enclos comme vous le feriez pour des poulets et c'est un spectacle magnifique de voir trois cents dindes saines et fortes dans des enclos placés côte à côte. Je n'ai jamais eu de soucis avec mes jeunes dindes. Comme je l'ai déjà dit dans une autre partie de mon travail, les points noirs n'apparaissent jamais dans mon troupeau avant que la dinde n'ait six ou sept mois. Lorsque je vois des signes de points noirs, je déplace toutes mes dindes vers un nouveau terrain, je désinfecte tous mes poulaillers avec le désinfectant Presto et je commence à soigner mes points noirs, comme décrit à la page 79 . J'attends une journée pluvieuse et je mets de la chaux sur le sol d'où j'ai déplacé les poulaillers, car les dindes ont très tendance à retourner dans leur ancienne demeure. De cette façon, je retiens les points noirs. C'est une maladie très simple si elle est prise à temps et facilement guérie.

Lorsque j'ai commencé à élever des dindes, mes petites poulettes sont mortes après avoir été emplumées et âgées d'environ sept ou huit semaines. Certains d'entre eux ne tiraient pas sur le rouge avant d'avoir pesé deux livres et demi. Leurs têtes seraient sombres et leurs pas lents et traînants. Comme je l'ai déjà dit, le sang dormait dans le foie et a ainsi déclenché des points noirs. Si une dinde ne jette pas le rouge, à l'âge de sept ou huit semaines, après un examen attentif, on constatera que l'abdomen est sombre et d'une teinte bleuâtre. La chair n'est pas en bon état, alors que chez une jeune dinde en bonne santé qui a jeté le rouge à cet âge, la chair sera pure et blanche.

## MON PREMIER COMBAT RÉUSSI CONTRE LES POINTS NOIRS

Quand j'ai commencé à élever des dindes et que l'une d'entre elles avait des points noirs, je pensais qu'il n'y avait pas de remède pour elle. J'ai fait tout ce que j'ai pu, et si elle mourait, j'ai jugé qu'elle devait le faire et qu'il n'y avait absolument rien à faire pour l'empêcher.

Un an, j'ai ramené deux belles poulettes du Kentucky. C'étaient de beaux oiseaux beaux, forts, bien marqués , avec de splendides barreaux et un beau bronze. Je les aimais énormément. Lorsque le printemps est arrivé, vers la fin du mois de mars, au moment de la ponte, l'un de ces deux oiseaux est tombé avec des points noirs et j'ai décidé de me battre pour sa vie.

C'était un oiseau extrêmement malade. Je l'ai emmenée dans la maison, je l'ai placée dans le couloir du fond, dans un vieux panier à vêtements de forme ovale. J'ai mis une toile de jute douce sous elle et je l'ai enveloppée chaleureusement. J'avais une bonne connaissance des remèdes homéopathiques et j'ai commencé à soigner les troubles intestinaux et hépatiques. J'ai apaisé la fièvre avec de l'aconit en lui donnant une goutte dans un peu d'eau toutes les heures. Je suis resté à côté de cette dinde toute la nuit. Il y avait des moments où elle criait de douleur, puis je plaçais ses pieds dans une eau aussi chaude qu'elle pouvait la supporter, avec beaucoup de moutarde dedans, et je laissais l'eau monter jusqu'à la première articulation de ses jambes. Je l'ai laissée rester debout environ dix minutes à la fois, puis je lui ai séché les pieds et les jambes et je l'ai remise dans le panier. Elle serait très faible après ce traitement, mais semblait plus facile. D'autres fois, elle devenait faible et sans vie, et je la prenais alors dans mes bras, je sortais et lui laissais profiter de l'air frais. La bagarre dura ainsi jusqu'à quatre heures du matin, lorsqu'elle ouvrit les yeux, releva la tête, leva les yeux vers moi et pépia un peu. J'ai alors décidé qu'il existait une chose telle que guérir les points noirs.

Je ne savais pas grand-chose à l'époque sur l'arrêt des intestins. Je savais cependant que rien n'était passé par ses entrailles. Je lui ai donné un peu de whisky chaud et du lait, quelques autres de mes remèdes, puis je suis allé moi-même me reposer quelques heures. Lorsque je suis retourné la voir environ deux heures plus tard, le rouge avait commencé à refluer dans sa tête, la fièvre l'avait quittée et son pouls était normal. Le pouls d'une dinde commence à battre juste au-dessus du jabot et, en cas de mort, il augmentera progressivement jusqu'à ce que, juste avant que le souffle ne quitte l'oiseau, il atteigne un point sous la gorge. J'ai gardé le pouls de cet oiseau jusqu'au milieu du cou ; Je ne l'ai jamais laissé aller plus loin. Il y avait des moments où je devais lui mettre un chiffon imbibé d'eau glacée sur la tête, mais je me battais pour la vie de mon petit animal et elle semblait se rendre compte de ce que je faisais. Elle était très faible toute la matinée. Je l'ai soulevée, je l'ai placée dehors sur la pelouse, au soleil, et elle s'est levée en titubant vers midi ce jour-là, et alors un noyau solide est sorti de ses entrailles. Celui-ci s'était logé dans le caecum. A cette époque , je connaissais très peu de choses sur cette caractéristique de la maladie. Une partie de la muqueuse intestinale était attachée au noyau. La dinde était très faible pendant des jours. Ce qui était en sa faveur, c'était qu'elle avait une récolte vide, et je lui ai immédiatement donné une cuillère à soupe d'eau froide dans laquelle étaient dissous quatre grains d'alun commun. Cela a été donné afin de former une peau et de durcir l'endroit douloureux et cru de l'intestin après que l'oiseau ait dépassé le noyau. La dinde ne s'est pas complètement rétablie avant trois ou quatre jours.

AMIS (MISS MAHANEY ET « GRAND-MÈRE CLEAVES »)

Cette dinde est à peu près l'une des meilleures que j'ai chez moi. Je l'appelle grand-mère Cleaves. Les écoles d'agriculture soutiennent qu'un oiseau qui a déjà été atteint de points noirs est impropre à la reproduction. J'ai en ma possession un jeune mâle qui a été couvé le 15 juillet 1912 par cet oiseau. Il pèse 31 livres. et est bien développé à tous points de vue. Elle a pondu trois portées d'œufs l'été dernier, s'est assise sur la dernière portée, a fait éclore douze dindes et en a élevé onze dans ce troupeau. À mon avis, un oiseau qui a traversé un point noir est l'un des oiseaux les meilleurs et les plus forts pour se reproduire. Je n'ai jamais vu un oiseau descendre la deuxième saison avec des points noirs. C'est comme n'importe quelle autre fièvre commune, elle est contagieuse et ne peut affliger une personne qu'une seule fois.

Après avoir remporté ce combat, j'ai décidé que quelque chose pouvait être fait contre les points noirs, et depuis lors, j'ai eu beaucoup de succès dans ma lutte contre cette maladie.

Mes lieux de reproduction ne sont pas si éloignés que les habitants du Massachusetts puissent venir me voir. Je serais très heureux de leur montrer mes parcours, mes dindes et mes méthodes d'élevage.

## POUR DÉTECTER LES POINTS NOIRS

Les points noirs sont la maladie la plus redoutée par les éleveurs de dindes de la Nouvelle-Angleterre et de tout le pays.

Lorsque vous entrez dans le poulailler le matin, rendez-vous directement au tableau des crottes et voyez si vous trouvez des crottes jaunes. Si c'est le cas, surveillez attentivement votre troupeau. Il ne vous faudra pas longtemps pour découvrir l'oiseau qui a des points noirs. La tête est d'un gris sombre malsain, et l'oiseau se morfondra , voulant apparemment manger mais ne le faisant pas. Ensuite, vous pourrez décider que vous avez des points noirs dans votre troupeau.

## TRAITEMENT DES DINDES PLEINES GRANDISSEMENTS

Emmenez cet oiseau immédiatement ; désinfecter la tête et le dessous des ailes avec un baume ; massez doucement la récolte pour voir si elle est pleine de nourriture non digérée. Si c'est le cas, donnez une demi-cuillère à café de sel d'Epsom dans un peu d'eau. Au bout d'une heure environ, donnez une cuillère à soupe d'huile d'olive et suivez avec un quart de cuillère à café de salicylate de soude dans deux cuillères à soupe d'eau tiède. Une fois la récolte vidée, mettez-la dans une boîte, disons une caisse d'emballage de bonne taille , avec beaucoup de paille, et couvrez-la de toile de jute. Donnez une cuillère à café de whisky tiède et une cuillère à soupe de lait mélangés. Cela maintiendra la vitalité de l'oiseau. Une bouteille d'analyse de lait à long col est très pratique dans un troupeau de tout type de volaille, car vous pouvez placer le col sous la trachée et injecter les liquides dans le jabot sans que la volaille ne s'étouffe. Ensuite, observez et voyez si les excréments sont jaunes. S'ils reçoivent une des pilules *Mahaney* Blackhead toutes les heures jusqu'à ce que les excréments redeviennent normaux. Vous pouvez placer la pilule sur la langue de la dinde et la faire avaler. S'il n'y a rien dans la récolte à part un souffle de vent aigre, donnez immédiatement les pilules, le lait chaud et le whisky.

Assurez-vous de garder l'oiseau au chaud pendant quelques jours, puis désinfectez-le avant de sortir avec le reste du troupeau. Regardez chaque matin par-dessus le tableau des excréments et voyez s'il y a des excréments jaunes. Utilisez beaucoup de citron vert. Deux fois par semaine, le matin, donnez du sulfate de fer en poudre (une cuillère à café rase dans un gallon d'eau dans un plat en terre). Les autres jours, le soir, donner du salicylate de soude en même quantité dans l'eau de boisson. Cela gardera votre troupeau en bon état.

Le premier symptôme de point noir chez les jeunes dindes a l'apparence d'un rhume au niveau de la tête. La dinde reniflera et de l'eau sortira parfois du nez. La perte d'appétit est apparente. Les ailes tombent et lorsque vous laissez les dindes sortir des poulaillers, celle qui est affectée se traîne derrière le reste du troupeau. J'enlève cet oiseau des autres. Je désinfecte la tête et sous les ailes avec mon baume. Frottez légèrement la pommade sur la tête. Tenez doucement la dinde par le dos, appuyez les ailes sur le côté. Si vous n'êtes pas très doux avec eux et très prudent, vous risquez de leur casser les ailes.

Dès que vous en voyez un devenir sans vie, avec des pas traînants et une perte d'appétit, désinfectez tout le troupeau avec le baume deux fois par semaine. Dissoudre dans un plat en terre quatre ou cinq pilules de dinde *Margaret Mahaney* dans un peu d'eau tiède ; puis mélangez la solution dans un litre d'eau de boisson et donnez à boire aux jeunes dindes. Ceci, répété chaque jour, avec la paille bien aérée et maintenue propre, et le poulailler sec et étanche, leur fera montrer une nette amélioration en trois jours. Je ne perds jamais un jeune dindon. Ils prospèrent aussi bien que les petits poulets, et je pense qu'ils sont tout aussi robustes.

LES FEMMES FONT LES ÉLEVEURS DE DINDES LES PLUS
RÉUSSIS

La vermine étant l'un des ennemis des jeunes dindes, utilisez toujours la pommade deux fois par semaine et le matin. Ne les faites pas taire après avoir appliqué mon onguent car il est très fort. Laissez-le s'évaporer avant que les petites poules ne se couchent le soir, et vous n'aurez plus de vermine. Il y a un vieux dicton à propos d'un pou dans la tête d'une dinde qui pénètre dans le cerveau et provoque des points noirs. Je sais très bien que cela ne provoque pas de points noirs, car cette maladie vient d'un rhume qui descend jusqu'aux intestins et au foie et tue la dinde au bout de quelques jours de souffrance s'il n'est pas soulagé.

## COMMENCE PAR UN RHUME

### Traitement d'un rhume.

Les points noirs commencent par un rhume. Lorsque vous avez un oiseau dans votre troupeau atteint d'un rhume, placez une petite cuillère à café de sels d'Epsom dans un gallon d'eau. Faites cela trois ou quatre jours de suite et mettez beaucoup de chaux autour de vos dindes. Je mets de la chaux sur les planches à crottes tous les jours ; cela tuera la maladie en un rien de temps et ne blessera pas la dinde. Bien sûr , je mets de la paille propre dans mon poulailler par temps humide tous les deux jours, car la paille devient humide et est très susceptible de générer des maladies.

Donnez ce traitement aux sels d'Epsom par temps chaud, que les oiseaux présentent ou non des symptômes de maladie. Cela garde leur sang frais et évite la tendance aux maladies.

La saison des points noirs se situe dans ce qu'on appelle communément les « journées canines », c'est-à-dire le milieu de l'été. Le temps est lourd et sombre et très préjudiciable aux jeunes dindes. C'est le moment où vous devez garder vos poulaillers bien et au sec et leur donner beaucoup de verdure, avec de l'aconit dans l'eau potable environ deux fois par semaine pour réduire toute fièvre. Je ne leur donne que trois gouttes dans une pinte d'eau car l'aconit est très toxique. Si vous avez de l'ortie à ce moment- là , assurez-vous de la nourrir, car l'ortie *est l'une des plus grandes aides au succès dans l'élevage de jeunes dindes* .

Lorsque la dinde meurt de points noirs, le jabot devient apparemment noir et enflammé et est très nauséabond. Le foie est hypertrophié et présente des taches blanches ou jaunâtres partout. Par endroits, il semble rongé. Sous le foie, près du dos de l'oiseau et autour du cœur, vous trouverez une substance brunâtre, exactement la même que celle que l'on trouverait chez une personne qui meurt d'une péritonite. Vous trouverez également dans ce qu'on appelle le deuxième estomac, c'est-à-dire l'intestin menant au gésier, un gros noyau. Parfois, ce sera une couleur jaune brunâtre très foncé ou ocre, mêlée de sang. Ce noyau constitue un arrêt et, à moins qu'il ne soit retiré, la mort est certaine pour la dinde.

J'ai vu des dindes mourir de ce qu'on appelle communément chez les êtres humains « appendicite », car l'appendice était matière et très enflé. En fait, dans un cas grave de points noirs, tous les intestins de la dinde enflent. Le gésier fait deux fois sa taille naturelle, l'abdomen devient enflé et noir et l'odeur est très désagréable. Dans un cas aussi grave, il n'y a rien à faire, la maladie étant devenue trop avancée, et c'est pourquoi il faut surveiller les dindes de très près. Si la dinde est prise à temps, si les pilules *de Margaret Mahaney* sont administrées et si la dinde est gardée au chaud (car elle contracte d'abord la maladie avec un frisson, tout comme un être humain contracte la malaria), il n'y a aucune nécessité de perte d'énergie. le troupeau de points noirs. Toutes les écoles d'agriculture ont diagnostiqué qu'il s'agissait d'un parasite des intestins, mais j'ai étudié cette théorie à fond et je tiens à dire que je n'ai trouvé aucune raison pour une telle croyance.

# MALADIES COURANTES

## RHUMATISME

### (Parfois confondu avec Blackhead)

De nombreuses personnes m'écrivent au sujet de la faiblesse des pattes des dindes. Bien sûr, il s'agit d'un rhumatisme courant. Les membres souffrent d'une déficience ou d'une perte d'usage, sont chauds, gonflés et raides. Les orteils étant alors déformés, la volaille s'assoit constamment et ne peut pas utiliser le perchoir. Le cœur peut être impliqué et cela produit la mort. Je l'ai eu dans mon troupeau un an, c'est- à-dire que j'ai eu plusieurs oiseaux victimes de la maladie. Ils s'accroupissaient tout le temps. Le sternum s'est développé partout d'un côté à force de rester trop assis. Ils étaient gros et apparemment en bonne santé, sauf qu'ils ne semblaient pas pouvoir rester debout longtemps . Je leur ai baigné les pieds avec de la moutarde et de l'eau aussi chaude que je pensais qu'ils pouvaient le supporter. J'en ai sauvé la plupart, mais il me semblait qu'ils ne pourraient jamais marcher aussi bien que le troupeau qui n'avait pas été touché. La cause de ce malheur est que les dindes sont autorisées à sortir trop tôt le matin, lorsque la rosée est sur l'herbe, et à se promener dans les endroits humides. A cette époque , j'élevais mon troupeau dans les plaines. Je n'en ai jamais eu dans mon troupeau depuis que j'ai déménagé sur les terres hautes et sèches. Donnez cinq gouttes de bryonia dans une pinte d'eau potable à six dindes. Après avoir utilisé l'eau moutarde, veillez à essuyer les cuisses de la dinde, puis à bien frotter avec de l'huile camphrée l'arrière des cuisses menant au corps. Conserver dans un endroit chaud et sec et ajouter du soufre dans l'aliment (environ une demi-cuillère à café pour quatre dindes).

LES DINDES PROSPÈNENT MIEUX SUR LES HAUTES TERRES

## « RÉCOLTE POURRI » PARFOIS CONFONDÉE AVEC DES POINTS NOIRS

Une autre maladie très courante chez les dindes, appelée point noir et qui n'a pourtant rien à voir avec les points noirs, est ce que vous appelleriez la « récolte pourrie » chez une poule commune. Lorsque cela se produit, la récolte devient très sale et lourde. L'oiseau boit de l'eau qui reste dans le jabot et devient aigre. J'ai souvent dû relever l'oiseau, maintenir la tête baissée et frotter doucement le jabot pour que toute l'eau s'écoule de la bouche. À l'aide d'une bouteille à long col pour tester le lait , je remplis le jabot avec de l'eau tiède contenant un quart de cuillère à café de bicarbonate de soude et je soulage le jabot en massant une deuxième fois. Ensuite, je donne une cuillère à soupe d'huile d'olive. Éloignez l'oiseau des autres et donnez-lui très peu de nourriture pendant quelques jours. Je n'ai jamais eu de difficulté à sauver un oiseau atteint de ce qu'on appelle communément « la récolte pourrie ». Toutefois, si elle n'est pas soulagée, elle se transformera en point noir et la dinde mourra.

## RHUME—CATARRHE—TOUSS—BRONCHITE

Ce sont tous des stades et des symptômes sensiblement différents du même trouble. L'exposition à l'humidité et au froid en est la cause générale. La toux est en effet un symptôme et non une maladie, et elle est liée aux trois autres. Il peut cependant accompagner d'autres maladies, et lorsque sa cause n'est pas connue, il faut surtout consulter l'article relatif au groupe . La bronchite n'est qu'un stade avancé ou une forme aggravée de rhume ou de catarrhe.

Les trois se caractérisent par un écoulement plus ou moins important des yeux et des narines, des éternuements, une respiration sifflante et, en particulier dans la bronchite, une toux et un râle dans la gorge. Pour distinguer cela du roup , voyez si la décharge est offensante. Si tel est le cas, le groupe doit être traité ; sinon, catarrhe ou bronchite. Dans tous les cas de doute, utilisez les précautions détaillées pour le groupe .

Les dindes sont sujettes au rouup dès leur plus jeune âge, plus que les poules communes, car le rhume est la cause de tous leurs ennuis.

Traitement : placez la dinde dans un abri chaud et sec et donnez-lui une nourriture chaude et molle. Ces mesures seront généralement suffisantes, mais les suivantes seront utiles comme aides : *Pour le rhume ou le catarrhe* simplement, et aucune distinction entre eux n'est faite ici, mettez trois gouttes de teinture forte d'aconit dans une pinte de boisson. S'il y a un gonflement autour de la gorge, deux ou trois grains de seconde trituration de mercure, trois fois par jour, seront utiles. *Pour la bronchite* , en plus des mesures qui viennent d' être citées, donner de l'eau sucrée pour la boisson, en ajoutant quelques gouttes d'acide nitrique ou d'acide sulfurique . *Pour le catarrhe et la bronchite,* donnez un stimulant, comme du gingembre ou du poivre de Cayenne dans la nourriture ou du whisky dans l'eau. Traitez rapidement le catarrhe et le rhume pour éviter qu'ils ne se transforment en roup . Ne négligez pas la bronchite, de peur qu'elle ne débouche sur une phtisie.

## ROUPE

Le roup est une maladie très contagieuse qui affecte d'abord la membrane qui tapisse le bec, puis s'étend aux yeux, à la gorge et à toute la tête, touchant finalement toute la constitution. D'après ses symptômes manifestes, on l'a appelé diphtérie, mal de tête, gonflement des yeux, enrouement, bronchite, chancre, reniflement, grippe, mal de gorge, angine, cécité, et sous d'autres noms. Il attaque tous les âges et tue les jeunes dindes en très peu de temps. Les dindes mal abritées et gardées dans des locaux sales sont sujettes au rouup .

Symptômes : Le roup se développe lentement ou rapidement, avec les signes généraux d'un gros rhume de tête, tels qu'une respiration sifflante ou des éternuements, une forte fièvre et une grande soif. L'écoulement des yeux et du nez est jaunâtre, d'abord mince, mais de plus en plus épais à mesure que la maladie se développe, et très offensant, fermant les yeux, les narines et la gorge (ces parties et toute la tête sont enflées, parfois énormément, de sorte qu'il s'ensuit la cécité). , rendant la dinde incapable de se nourrir, et accélérant ainsi le déclin du système) ; plaies pustuleuses autour de la tête et dans la gorge, évacuant un mucus mousseux ; la respiration est gênée ; le jabot est souvent gonflé ; la crête et les caroncules peuvent être de couleur pâle ou foncée. Au cours de la maladie, la dinde est faible et se morfond. Un cas mortel se termine de trois à huit jours après l'apparition des symptômes groupés distinctifs , et ceux qui ne sont pas traités lorsqu'une épidémie sévit seront généralement mortels. En ouvrant une dinde morte du roup, on trouve le foie et la vésicule biliaire pleins de pus, la chair molle, d'une mauvaise odeur, et, surtout au niveau des poumons, visqueuse et spongieuse.

Traitement :— Il est de la plus haute importance que le traitement commence dès l'apparition des premiers symptômes. Pour détecter l'approche de la maladie (et toute dinde du troupeau doit être suspectée si une dinde a été infectée), levez l'aile et vérifiez si les plumes situées en dessous sont collées ensemble, car la dinde a l'habitude de s'essuyer le nez sous l'aile. les ailes, et naturellement les plumes deviendront emmêlées et nauséabondes.

Retirez la dinde dans un endroit bien chaud; se laver la tête à l'eau tiède avec une ou deux gouttes de sulfonanaptol dans l'eau ; bien sécher avec un bon chiffon doux et frotter la pommade de dinde *Mahaney* sur la tête, la gorge et le jabot ; ouvrez son bec et huilez bien l'intérieur de sa bouche et de sa gorge avec le baume. Un petit tampon peut être réalisé à cet effet. Donnez une des pilules contre les points noirs *Margaret Mahaney* , trois fois par jour, et préparez une pilule aussi grosse qu'un haricot de bonne taille comme suit, une moitié de moutarde et une moitié de soufre ; parts égales. Donnez à la dinde une de ces pilules tous les soirs, et si les yeux et la tête enflés l'empêchent de voir sa nourriture, donnez-lui un peu de pain et de lait, doux et chaud, jusqu'à ce qu'elle soit capable de se nourrir. Une ou deux gouttes d'huile de kérosène dans l'eau potable constituent un bon désinfectant pour les dindes.

Lorsqu'une maladie de ce type pénètre dans votre poulailler, désinfectez vos planches à crottes et nourrissez cinq litres de purée chaude de *Margaret Mahaney's* Turkey Feed avec un ou deux oignons hachés finement et mettez-les dans la purée. Une cuillère à café de poivron rouge également donnée chaque soir avant d'aller se percher aidera à prévenir la propagation de la maladie. Gardez votre poulailler propre et sec, et si vous voyez un signe de cette maladie , il est préférable d'enlever les excréments tous les jours, et si elles sont prises à temps , ce n'est pas une maladie mortelle.

## CONSOMMATION DE LA GORGE

Les symptômes particuliers de la consomption de la gorge sont une toux fréquente, une voix rauque et souvent un refus de manger, soit par perte d'appétit, soit par douleur provoquée par la déglutition. Les accès de fièvre, suivis de frissons, sont plus ou moins réguliers. Pour le traitement, gardez l'oiseau dans une atmosphère très chaude, hachez très finement les oignons et mélangez-les à la nourriture, donnez également une cuillère à café d'huile d'olive trois fois par jour avec une à deux gouttes d'aconit dans une tasse d'eau.

J'ai généralement ce qu'on appelle communément un hôpital pour oiseaux malades ; c'est-à-dire que je mets de côté un poulailler, le garde au chaud et le fais chauffer avec une lampe incubateur, une grande. La température doit être maintenue autour de 70 degrés jusqu'à ce que l'oiseau cesse de tousser.

## CONSOMMATION DES POUMONS

Une caractéristique distincte de la consommation de la poitrine ou des poumons est un dépôt tuberculeux dans la poitrine, le foie et les intestins. Les premiers symptômes sont un amincissement de la voix et parfois des éternuements. Lorsque les éternuements surviennent le matin et se poursuivent pendant la journée, les poumons sont impliqués et, éventuellement, une apparence gonflée se manifeste dans la poitrine. Donner le même traitement pour la consommation de la poitrine que pour la consommation de la gorge. Ajoutez chaque jour quelques gouttes de teinture de fer (quatre gouttes pour un gallon d'eau) à l'eau jusqu'à ce que l'apparence de l'oiseau s'améliore.

La lumière, la ventilation et l'air pur sont trois des agents naturels les plus puissants pour lutter contre les maladies. Chaque dinde devrait bénéficier d'une quantité généreuse de lumière solaire, bien que la puissance et la directivité des rayons soient déterminées par le climat, ce qui est tout à fait naturel. Parmi ceux qui ont besoin de bains de soleil fréquents se trouvent les oiseaux sauvages du ciel et, comme la dinde était à l'origine un oiseau sauvage, par la nature même des choses, elle a besoin de beaucoup de soleil. Peu importe la chaleur de la journée, la dinde s'allongera au soleil et semblera en profiter même lorsque la température atteint 100 degrés. C'est la raison pour laquelle je garde mes dindes au chaud et à l'aise, car c'est une prévention contre la consommation ou toute maladie de cette nature.

Un bon bain de terre devrait être prévu pour une dinde tout l'hiver ; sable léger, moitié argileux, avec une mesure de chaux éteinte à l'air. La dinde s'y vautra pendant une heure à la fois, en profitera pleinement et paraîtra beaucoup plus lumineuse après.

Si les dindes sont autorisées à courir sur le sol gelé et à se percher dans les arbres tout l'hiver, comment peut-on raisonnablement s'attendre à ce qu'elles restent en bonne santé alors qu'elles ont absolument besoin d'un endroit chaud et confortable ? Si des bâtiments appropriés sont fournis aux dindes, chauds, propres et confortables, avec beaucoup de chaux, de gravier et de charbon de bois pendant les mois d'hiver, on constatera qu'il y aura très peu de problèmes de points noirs pendant l'été et, par conséquent, moins de tendance à la consommation et à d'autres. maladies pendant les mois les plus froids.

## TÊTES GONFLÉES

La tête enflée des dindes me semble être la maladie dominante de ce printemps 1913. Des plaintes me sont parvenues de tout le pays, et des oiseaux malades m'ont également été envoyés pour être soignés.

Je ne sais pas si on l'appellerait roup ou chancre, mais l'apparence en est celle d'un rhume, un écoulement aqueux du nez, des yeux à moitié fermés et parfois complètement fermés, avec une grande formation saillante dans la cavité orbitaire. sous les yeux, ce qui, s'il est laissé là, entraînera la mort de la dinde après qu'elle aura perdu la vue. Appuyez doucement votre main sur la formation. Si la formation n'est pas devenue dure, mais est encore à l'état spongieux, appuyez fermement des deux côtés du nez, sous les yeux, et expulsez l'écoulement épais et nauséabond qui s'est accumulé. Lavez la tête avec du Sulpho-Napthol ou du Désinfectant Presto, séchez bien, puis désinfectez avec mon onguent. Répétez cette opération tous les jours jusqu'à ce que la dinde aille bien. Entre- temps , la dinde aura une petite toux sèche causée par un écoulement aqueux de la tête, qui coule à l'intérieur du nez et tombe dans la trachée. Un être humain a une chance de soulager sa tête et sa gorge, mais la dinde n'a pas cet avantage.

Si toutefois la formation dans la cavité orbitaire est devenue dure, une opération est nécessaire. Avoir quelqu'un tenez l'oiseau doucement sur le côté, avec ses ailes près du corps dans sa forme naturelle, car dans la lutte, l'oiseau a très tendance à casser son aile. Lavez la tête avec du Sulpho-Napthol ou du Désinfectant Presto et séchez-la bien. Préparez un couteau bien aiguisé, soigneusement stérilisé, et stérilisez également vos mains. Environ un quart de pouce sous l'œil, vous trouverez un ou deux leaders. Vous devez essayer d'éviter de les couper. Essayez toujours d'éviter de couper les veines. Faites une coupe nette d'environ un demi-pouce de longueur, en descendant directement dans la cavité orbitaire jusqu'au bec, de sorte que lorsqu'elle guérira, elle ne laissera aucune cicatrice. Si la dinde est de bon sang et qu'il s'agit d'un oiseau mâle, elle est très susceptible de saigner un peu. J'arrêtais alors le sang avec du coton ou en me baignant avec de l'eau mélangée à un peu d'alun. Laissez l'oiseau pour ce jour-là. Le lendemain matin , ouvrez la coupe, retirez le chancre, que vous découvrirez être une substance jaune, fromagère, avec une très mauvaise odeur. Enlevez tout ce chancre, lavez la cavité avec du peroxyde d'hydrogène, séchez bien, remplissez la cavité avec le Salve *de Margaret Mahaney* , qui garde la tête douce et propre. Lavez légèrement la tête pendant quelques jours. Lorsque la plaie guérit, vous trouverez une sorte de noyau sec dans la plaie. Retirez-le, lavez-le et votre dinde va bien. Confiez le reste à la nature.

Si vous constatez que la boule sous l'œil est devenue dure et blanche avant l'opération et que le sang a reflué de la tête, il n'est pas nécessaire d'attendre que la plaie cesse de saigner. Vous pouvez retirer le chancre immédiatement.
[2]

En attendant, dans l'aliment, mettez une demi-cuillère à café de soufre chaque matin pendant une semaine dans une bouillie chaude préparée à partir de l'aliment pour dinde *de Margaret Mahaney* . Cela maintiendra les intestins en bon état et accélérera la récupération de la dinde.

Ce chancre se retrouve parfois dans le rectum du dindon. Seringuez l'oiseau avec de l'eau tiède dans laquelle a été dissous un petit morceau de savon de Castille. Ajoutez à un litre d'eau une demi-cuillère à café d'acide borique, et après que l'oiseau ait été soigneusement lavé, lavez à nouveau avec la solution ci-dessus. Séchez soigneusement l'évent et épongez-le avec un peu d'huile douce. Faites cela pendant quelques jours avec du soufre dans la nourriture et vous constaterez que l'oiseau ira bien. Utilisez environ ½ cuillère à café de soufre pour ½ pinte d'aliment.

MAL AUX YEUX ET À LA TÊTE

Les yeux peuvent devenir douloureux à cause de la poussière, d'une chaleur excessive, de l'humidité et d'autres causes, et émettre un écoulement aqueux. La tête entière peut être impliquée dans l'inflammation. Ces affections bénignes doivent être distinguées du chancre et du roup , mais il est toujours prudent de surveiller attentivement ces derniers lorsque les yeux sont douloureux.

Laver les pièces avec une solution faible de vitriol blanc (sulfate de zinc) ou avec de l'eau d'alun, ou avec une solution d'alun et de camphre. Si l'écoulement est devenu gommeux ou durci, retirez-le avec de l'eau tiède et du savon de Castille, puis avec de l'alun et de l'eau. Séchez bien la tête avec un chiffon doux, puis frottez doucement avec le baume à la dinde *de Margaret Mahaney , car il contient tous les ingrédients qui guérissent et nettoient.*

Pour environ quatre dindes, mettez une demi-cuillère à café de soufre dans la nourriture avec un shake de poivron rouge trois ou quatre fois par semaine et un peu de teinture de fer dans l'eau (environ quatre gouttes pour un gallon d'eau).

CONSTIPATION CHEZ LES DINDES

La constipation est causée par une indigestion, une prise de froid, un confinement trop étroit, trop d'aliments secs et pas assez de verdure, un approvisionnement insuffisant en bonne eau, etc. Elle est indiquée par des tentatives fréquentes d'évacuation des intestins, soit totalement infructueuses, soit n'aboutissant qu'à la production d'excréments durs et sombres. La dinde est inquiète et chancelle peut-être.

Donnez une abondance de nourriture verte et un mélange doux de son et de flocons d'avoine et dix gouttes de sulfate de magnésie à une pinte d'eau potable. En plus de ces instructions pour l'alimentation, il sera bon de donner deux gouttes d'aconit dans un demi-verre d'eau, en donnant à l'oiseau une cuillère à café de solution toutes les heures jusqu'à ce que la fièvre disparaisse, puis avec une solution composée de deux gouttes d'aconit. nux vomica dans un demi-verre d'eau, en donnant une cuillère à café de la solution toutes les heures jusqu'à ce que ce soit bien, ou si un rhume en est la cause, utilisez deux gouttes de bryonia dans l'eau à la place du nux vomica. J'ai souvent eu cette maladie dans mon troupeau lorsque les dindes avaient environ trois mois, juste avant de les laisser sortir pour une bonne journée de promenade, c'est pourquoi je recommande toujours beaucoup de bonne laitue. Il maintient les intestins en bon état, garde les intestins au frais et constitue lui-même tous les remèdes contre la fièvre.

## DIARRHÉE

Cette maladie est souvent confondue avec des points noirs chez les dindes adultes. Cela peut résulter d'une consommation excessive d'aliments avariés, de pain ou de céréales moisis , d'eau impure, d'une chaleur extrême, d'une exposition à un temps humide, de locaux sales et d'une indigestion générale, d'un poison ou de toute affection inflammatoire des intestins ou de l'estomac.

Les symptômes sont des fientes de différentes couleurs qui salissent les plumes, une lassitude et une perte de condition. Dans la dysenterie, qui résulte d'une maladie des intestins, les excréments sont plus mousseux et mêlés de sang, et s'accompagnent d'une prostration rapide.

Une forme de diarrhée essentiellement différente des deux décrites se produit chez une vieille dinde chez laquelle un écoulement blanc sort plus ou moins constamment, s'écoulant souvent, et maintient les plumes autour de l'évent incrustée d'un dépôt blanc semblable à de la craie. Elle est sans aucun doute due à un certain dérangement dans la fonction de fabrication des coquilles et peut être mieux traitée en favorisant la santé générale et en utilisant les moyens indiqués ci-dessous.

Traitement : Demandez à votre pharmacien de préparer des pilules composées d'un mélange de cinq grains de craie en poudre, cinq de rhubarbe et cinq de poivre de Cayenne, en ajoutant un demi-grain d'opium dans les cas graves. Donnez deux comprimés par jour. Un autre bon remède est l'alcool camphré de farine d'orge, trois à six grains pour chaque oiseau selon l'âge, ou dix à vingt gouttes de celui-ci peuvent être mis dans une pinte de boisson. Pour les cas bénins et aux premiers stades d'autres cas, de la craie en poudre sur du riz bouilli peut suffire. Ce dernier remède est recommandé pour les pertes blanches des vieilles femelles, pour lesquelles les pilules décrites ci-dessus doivent être utilisées ainsi qu'un peu d'eau de chaux, préparée en mettant environ ½ cuillère à café de chaux éteinte à l'air pour ½ pinte d'eau pour un oiseau. Dissolvez puis versez le liquide pour qu'ils boivent à la place de l'eau claire.

Limitez la boisson dans toutes les formes de ces troubles et mettez-y un peu de teinture de fer (quatre gouttes pour un gallon d'eau).

La dysenterie avec écoulements sanguins est un trouble grave. Il est préférable de donner une cuillère à café d'huile de ricin, suivie de trois à six gouttes de laudanum toutes les quelques heures, en complément d'un régime exclusivement composé d'aliments doux. Il est important que l'oiseau atteint reste calme et séparé du troupeau, notamment en cas de dysenterie.

Isolez l'oiseau atteint lorsque vous avez des doutes sur la nature du trouble. Donnez quelques cuillerées à soupe de craie moulue à une pinte de purée chaude préparée à partir de la nourriture pour dinde *de Margaret Mahaney* . Cela sera également bénéfique à tout moment pour les poules pondeuses de cinq ou six ans. Autoriser une pinte de purée à quatre dindes trois fois par jour. Un peu de camphre, de la grosseur d'un haricot de bonne grosseur , pour quatre dindes accélérera la guérison ; déposé dans l'eau de boisson une fois par semaine, aidera à maintenir les oiseaux en bonne condition de ponte.

*Diarrhée chez les petites dindes*

La diarrhée chez une petite dinde est blanche, à peu près la même chose que le trouble chez un poulet commun, et si vous regardez très attentivement, vous verrez que les petites pattes sont parsemées de blanc, et les petites dindes seront sans vie et ne sembleront pas prospérer. C'est le moment de leur donner des pilules *Mahaney* (quatre à un litre d'eau de boisson pour 10 ou 11 jeunes dindes). Faire bouillir un morceau de viande, le hacher finement et le mettre dans la nourriture, cela l'aidera à retrouver sa vitalité. Une goutte d'aconit dans l'eau potable les jours humides aidera à prévenir toute fièvre.

## BAISÉES

Il existe de nombreux remèdes contre les béances, mais celui qui suit est toujours bénéfique et fiable. Cela se manifeste d'abord par les oiseaux béants, tout comme une personne bâillerait.

Remplissez un bidon d'huile commun à long col, comme celui utilisé pour huiler une machine à coudre, avec de l'huile de kérosène ; ouvrez la bouche de la dinde et attendez qu'elle respire pour que la trachée soit ouverte, puis injectez une bonne pulvérisation de kérosène, peut-être une cuillère à café en tout. Trois doses guérissent généralement les dindes du ver béant. Administrer le traitement trois fois par jour, le matin, midi et soir. Enfermez les dindes dans leur enclos pendant environ une semaine, puis déplacez-les vers un nouveau terrain.

## TÉNIA

Le ténia est une chose entièrement différente et est un peu plus grave et produira sensiblement les mêmes symptômes que l'indigestion. S'ils se trouvent dans les intestins, la constipation ou la diarrhée peuvent être plus marquées, tandis que la dinde sera inquiète et picorera au niveau de l'évent si elle se trouve dans la partie inférieure de l' intestin. Dans tous les cas, il y aura plus ou moins de perte de chair et souvent une diminution de l'éclat des plumes, tandis que l'oiseau aura un appétit soit altéré, soit vorace. Le seul symptôme indubitable est la présence de vers dans les excréments lors de leur premier évanouissement.

Un mauvais état des organes digestifs en est la principale cause. Le traitement consiste à prendre une cuillère à café d'huile de ricin suivie d'une légère addition de soufre à l'aliment, ce qui peut expulser les vers et restaurer la santé générale. Un peu de poivre de Cayenne dans l'alimentation et une teinture de fer dans l'eau faciliteront la guérison. L'emploi de quatre gouttes d'huile de ferme pour une cuillerée d'eau est bénéfique dans un cas de ce genre. Donnez le matin avant que l'oiseau ait mangé quoi que ce soit.

L'année dernière, j'ai eu un oiseau qui avait un ténia. J'ai d'abord remarqué le ver dans les excréments. J'ai enlevé l'oiseau, je l'ai posé sur un plancher et je lui ai donné une bonne dose d'huile de ricin. Elle n'avait dépassé que la moitié du ver à la fois et je l'ai observée de très près jusqu'à ce qu'elle dépasse la tête.

Dans le cas du ténia, les excréments seront plus ou moins blancs et calcaires. Une dinde nécessite beaucoup de citron vert. J'ai même vu des dindes picorer un vieux mur où il avait été enduit. De la chaux, mélangée à du sable, doit être laissée dans tous les coins de la ferme pour que les dindes puissent la manger, car c'est un moyen sûr de prévenir les vers.

## PÉRITONITE

La péritonite chez les dindes est souvent confondue avec des points noirs. Il s'agit d'une maladie très difficile à traiter et ce n'est que dans les cas les plus bénins que l'on peut raisonnablement s'attendre à un succès. L'oiseau atteint doit être maintenu au calme, protégé de tout courant d'air, et de l'opium à raison d'un (1) grain toutes les quatre heures est recommandé pour calmer la douleur et réduire le mouvement des intestins, ou mélanger trois ou quatre gouttes d'aconit. dans un demi-verre d'eau et donner une cuillère à café trois à quatre fois par jour. Des injections d'eau tiède sont recommandées pour lutter contre la constipation. Prenez une bouillotte. Ne laissez pas l'eau si chaude qu'elle serait inconfortable pour la dinde ; essorez une flanelle avec de l'eau tiède et posez-la sur le sac d'eau chaude, puis placez le sac contre la paroi de l'abdomen. Renouvelez-les aussi souvent que nécessaire pour conserver une chaleur humide. Ce traitement doit être poursuivi d'une demi-heure à une heure. Répétez trois ou quatre fois par jour, en séchant ensuite la surface du mur pour que l'oiseau ne prenne pas froid. S'il y a une grande faiblesse, on peut injecter sous la peau, comme stimulant, une ou deux gouttes d'éther, ou quatre ou cinq gouttes de teinture de camphre.

Dans le cas où la maladie est due à une rupture de l'oviducte ou à une perforation de l'intestin, le traitement est inutile ; si elle a suivi une inflammation de l'intestin, le traitement de l'entérite doit être combiné avec celui de la péritonite.

Lors de l'ouverture de la cavité abdominale d'une dinde décédée d'une péritonite, la membrane qui la recouvre est de couleur rouge foncé et est parfois recouverte d'un exsudat, qui peut consister en une fine couche transparente ou épaisse. jaune jaunâtre ou rougeâtre. L'abdomen peut contenir plus ou moins de liquide qui peut être transparent ou trouble avec une couleur jaune ou rougeâtre. Si le trouble est dû à la perforation de l'intestin, le liquide aura une odeur très nauséabonde à cause de la multiplication des germes putréfiants. S'il résulte de la rupture de l'oviducte, l'œuf, soit intact, soit brisé, se trouvera généralement dans la cavité abdominale, et l'endroit rompu dans la paroi de l'oviducte se découvre facilement.

L'auteure a eu deux cas de péritonite dans son troupeau de dindes juste au moment de la saison de ponte. L'un est mort et j'ai réussi à sauver l'autre en cassant l'œuf lié et en lavant le rectum avec une seringue. Pour un lavage de ce genre, il faut ajouter quatre ou cinq gouttes d'iode. C'est bon pour soulager la douleur et agit comme un stimulant pour l'oiseau. L'oiseau doit être gardé très au chaud et à l'aise après une chose de ce genre pendant trois ou quatre jours. Il est bon de nourrir l'oiseau avec des aliments stimulants et de le tenir à l'écart des enclos de reproduction jusqu'à ce qu'il retrouve ses forces.

# LA DINDE DE BRONZE

## LES ORGANES ET LA TAILLE

Cette variété tient la place d'honneur. Il est probablement issu d'un croisement entre un produit sauvage et un produit apprivoisé. Son magnifique et riche plumage et sa taille proviennent de son ancêtre sauvage. Pour maintenir cette qualité, des croisements sont continuellement réalisés. De cette façon, la taille du mammouth a été gagnée. Leur poids standard varie de vingt, trente-six à quarante et cinquante livres, selon l'âge et le sexe. Il est probable que cette variété soit cultivée en plus grand nombre chaque année que toutes les autres. Ils ont été poussés de tous côtés, presque à l'exclusion des autres. Jusqu'à ce que d'ici quelques années, si possible, la dinde de bronze se soit trop développée en termes de taille. Si la taille dans des limites raisonnables doit être souhaitée et encouragée, lorsqu'elle se limite à la longueur de la cuisse et de la tige, il s'agit d'un gain de poids avec peu de valeur supplémentaire.

## COLORATION

La coloration de cette variété est un fond de bronze noir ou nuancé de bronze. Cette teinte est riche et éclatante, et lorsque les rayons du soleil s'y reflètent, ils brillent comme de l'acier poli. La femelle n'est pas aussi riche en couleurs que le mâle, mais les deux ont la même couleur et la même nuance. Une grande partie de sa richesse et de sa couleur est perdue par consanguinité et elle s'améliore chaque année grâce aux spécimens sauvages. De toutes nos volailles domestiques, aucune ne souffre plus de consanguinité que la dinde. Il faut s'en prémunir à tout moment si l'on espère obtenir les meilleurs résultats.

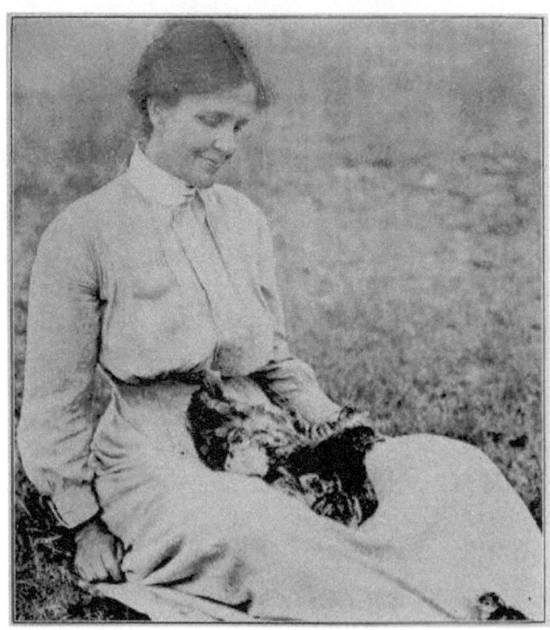

L'élevage de dindes est un métier intéressant et sain

## SÉLECTION DES REPRODUCTEURS

Naturellement, le dindon bronze doit être le plus grand en taille, le plus vigoureux en constitution et le plus rentable à élever. Tel serait l'état actuel de la variété si l'on n'avait pas accordé trop d'attention à la sélection des femelles pour la reproduction. Il faut bien comprendre que la taille et la vigueur constitutionnelle proviennent en grande partie de la femelle, et pour avoir toute cette influence, des femelles bien proportionnées et vigoureuses dans leur deuxième ou troisième année doivent être sélectionnées comme reproductrices. Ne sélectionnez pas de très gros spécimens à cet effet ; ceux de taille moyenne sont généralement les meilleurs. Jetez toujours les femelles trop petites, car elles ont peu de valeur en tant que productrices. La longueur de la tige et de la cuisse, si elle est disproportionnée, ne doit pas être confondue avec la taille. Le corps et la poitrine entièrement arrondis indiquent la valeur le plus clairement ; la taille et la solidité des os indiquent une vigueur constitutionnelle qui doit être maintenue grâce à la sélection des meilleurs à tout moment pour la production de bétail.

Lorsqu'un soin particulier est apporté à la sélection des oiseaux reproducteurs et que le producteur garde à l'esprit ces caractéristiques commerciales rentables : compacité de la forme, longueur de la poitrine et du corps et vigueur constitutionnelle, les résultats les plus satisfaisants peuvent être obtenus de la culture de cette variété. , mais peu importe le soin apporté à ces conditions, seul un succès partiel sera obtenu si la consanguinité est autorisée. L'utilisation de mâles surdimensionnés avec de petites femelles présente moins d'avantages que l'utilisation de mâles plus petits avec des femelles bien matures et de taille moyenne.

## COMMERCIALISATION

Bien entendu, nous ne pouvons pas tous vendre nos dindes à des fins de reproduction. Cela priverait complètement la table de son luxe de Thanksgiving. Une fois que les dindes sont élevées et prêtes à être commercialisées, il convient d'accorder autant de soin et d'attention à l'abattage et à l'expédition qu'à leur élevage approprié. Quand ces choses ne peuvent pas être faites à bon escient, il vaudrait mieux les vendre vivantes. Les acheteurs qui sont prêts à tuer, habiller, emballer et expédier des dindes et à conserver leurs plumes devraient être en mesure de payer ce qu'ils valent vivants et devraient être en mesure de les gérer avec un profit meilleur que l'éleveur, qui peut ne soyez pas prêt à faire ce travail à son avantage. Tant de choses dépendent de leur commercialisation dans les meilleures conditions que les petits producteurs devraient soit les habiller et les vendre sur leur marché intérieur, soit, à condition que cela puisse être fait à un prix équitable, les vendre vivants à quelqu'un qui fait affaire dans la gestion de ces stocks. Ne tuez que du bétail bien gras. Il est rarement rentable de vendre des actions défavorisées sur le marché. Ne donnez aucune nourriture aux dindes pendant douze heures avant de les tuer. Cela permet à leurs récoltes et à leurs entrailles de se vider et évite une grande partie du risque de détérioration. Les récoltes complètes et les entrailles comptent dans la valeur ; ils altèrent souvent la viande et empêchent sa conservation pendant un certain temps.

## PANSEMENT

La cueillette à sec est toujours à privilégier lors de la préparation des volailles pour le marché. Lorsqu'elle est en bon état, bien cueillie et envoyée au marché sans avoir été emballée dans la glace, la dinde est à son meilleur et coûte par conséquent le prix le plus élevé. Lorsque la volaille est plumée, penchez sa tête dans un endroit frais jusqu'à ce que toute la chaleur animale ait disparu du corps, en prenant soin de ne pas la suspendre là où elle sera exposée au froid car elle risque de geler. Ne pas retirer la tête, les pieds ni les entrailles, mais nettoyer parfaitement toute la carcasse, y compris la tête et les pieds.

## EXPÉDITION

Pour l'expédition, emballez le plus étroitement possible dans des boîtes ou des fûts fermés, joliment doublés de papier blanc ou manille. N'utilisez pas de papier marron, sale ou imprimé. Faites remplir complètement l'emballage afin d'éviter que la volaille ne bouge. Posez toutes les têtes dans un sens, les seins vers le haut. N'utilisez pas de foin ou de paille pour l'emballage car ils marquent et tachent la volaille, ce qui nuit à sa valeur. La méthode ci-dessus ne peut être utilisée que lorsque la volaille est envoyée au marché sans être emballée dans de la glace, et lorsque cela peut être fait en toute sécurité soit dans des wagons réfrigérés, soit sur une courte distance par temps froid, elle est de loin la meilleure.

Toutefois, la plus grande partie doit être emballée dans de la glace. Lorsque cela est nécessaire, utilisez de jolis fûts propres, recouvrez le fond de glace brisée, puis mettez-y une couche de dinde, puis une couche de glace ; continuez ainsi jusqu'à ce que le baril soit plein. Utilisez toujours de la glace parfaitement propre pour l'emballage. Dirigez fermement le canon et marquez clairement son contenu sur la tête. N'expédiez jamais des lots mélangés de volailles dans le même emballage si cela peut être évité.

### Notes de bas de page

[1] L'appel a été si lourd qu'il m'a été impossible de gérer le commerce des remèdes depuis ma maison de Concord, et ils sont maintenant en vente auprès de la Park & Pollard Company de Boston.

[2] Pour l'opération décrite ci-dessus, j'ai utilisé récemment, et je ne saurais trop le recommander, un couteau que l'on peut se procurer chez Park & Pollard, appelé Killing Knife.

www.ingramcontent.com/pod-product-compliance
Lightning Source LLC
LaVergne TN
LVHW041440170726
843492LV00008B/2717